Die in den Sitzungsberichten Abtlg. I und Abtlg. II a der math.-nat. Klasse der Österr. Ak. d. Wiss. erscheinenden Abhandlungen werden auch einzeln abgegeben. Sie können durch jede Buchhandlung oder direkt durch die Auslieferungsstelle der Österreichischen Akademie der Wissenschaften (Wien I, Singerstraße 12) bezogen werden.

Nachfolgende Abhandlungen aus den Fächern **Geologie, Mineralogie** und **Geographie** sind erschienen:

1950 (S I Bd. 159):

Cornelius H. P.: Zur Paläographie und Tektonik des alpinen Paläozoikums, 9 Seiten. S 7.—
Hanselmayer Josef: Petrographische Studien an Hochtrötsch-Diabasen einschließlich einer kurzen Charakteristik der mit ihnen auftretenden Tonschiefer, 10 Seiten. S 3.60
Küpper H.: Eiszeitspuren im Gebiet von Wien (mit 1 Tabelle), 7 Seiten. S 6.80
Schmidt Walter J.: Die Matreier Zone in Österreich, I. Teil, 41 Seiten. S 25.20
Stark M.: Die Grünschiefer der Kalkglimmerschiefer- Grünschiefer-Serie des Großarl- und Gasteiner Tales. 15 Seiten. S 8.30
Winkler v. Hermaden A.: Tertiäre Ablagerungen und junge Landformung im Bereiche des Längstales der Enns (mit 7 Textabbildungen), 25 Seiten. S 16.80

1951 (S I Bd. 160):

Hießleitner G. und Clar E.: Ein Beitrag zur Geologie und Lagerstättenkunde (Chromerz- und Nickellagerstätten) basischer Gesteinszüge in Griechenland (mit 1 Beilage und 4 Textabbildungen), 12 Seiten. S 11.—
Schmidt W. J.: Die Matreier Zone in Österreich, II. Teil (mit 1 Beilage: geologische Beschreibung mit 20 Profilen und 1 Karte), 49 Seiten. S 28.50
Stratil-Sauer G.: Stellungnahme zu einigen Auffassungen über das Flußlängsprofil (mit 3 Textabbildungen). 20 Seiten. S 7.—
Thurner A.: Die Puchberg- und Mariazeller Linie (mit 8 Textabb., Abb. 1 Beilage), 33 Seiten. S 19.—
Thurner A.: Tektonik und Talbildung im Gebiet des oberen Murtales (mit 12 Textabbildungen). 22 Seiten. S 12.50
Winkler v. Hermaden A.: Über neue Ergebnisse aus dem Tertiärbereich des steirischen Beckens und über das Alter der oststeirischen Basaltausbrüche, 36 Seiten. S 8.—
Winkler v. Hermaden A.: Die jungtektonischen Vorgänge im steirischen Becken (mit 4 Textabbildungen auf 2 Beilagen), 32 Seiten. S 15.—

1952 (S I Bd. 161):

Alker A.: Malchite aus dem Gailtal, IV. Teil, 18 Seiten. S 9.80
Alker A., Heritsch H., Paulitsch P. und Zednicek W.: Malchite aus dem Gailtal, VI. Teil (mit 1 Abbildung), 8 Seiten. S 4.40
Alker A. und Zednicek W.: Malchite aus dem Gailtal, II. Teil, 53 Seiten. S 8.20
Flügel H., Hauser A. und Papp A.: Neue Beobachtungen am Basaltvorkommen von Weitendorf bei Graz (mit 1 Textabbildung), 11 Seiten. S 4.40
Heritsch H.: Malchite aus dem Gailtal, I. Teil (3 Abbildungen), 22 Seiten. S 12.—
Heritsch H. und Zednicek W.: Malchite aus dem Gailtal, III. Teil (mit 5 Abb.), 45 Seiten. S 25.80
Holzer H.: Über geologische Untersuchungen am Westrand der Granatspitzgruppe (Hohe Tauern), 7 Seiten. S 2.80
Küpper H., Papp A. und Thenius E.: Über die stratigraphische Stellung des Rohrbacher Konglomerates, 12 Seiten. S 5.20
Mutschlechner G.: Neue Vorkommen von Glimmerkersantit in den Lienzer Dolomiten (Osttirol) (mit 1 Kartenskizze), 5 Seiten. S 2.10
Osberger R.: Der Flysch-Kalkalpenrand zwischen der Salzach und dem Fuschlsee (mit 1 Kartenbeilage), 16 Seiten. S 10.40
Paulitsch P.: Malchite aus dem Gailtal, V. Teil (mit 2 Abbildungen), 31 Seiten. S 13.80
Schmidt W. J.: Die Matreier Zone in Österreich, III. bis V. Teil (mit 1 tektonischen Karte und 9 Profilen), 28 Seiten. S 16.30

1953 (S I Bd. 162):

Cornelius-Furlani Marta: Beiträge zur Kenntnis der Schichtfolge und Tektonik der Lienzer Dolomiten (Erster Beitrag. mit 2 Tafeln und 1 Profil). S 8.90
Hanselmayer J.: Beiträge zur Sedimentpetrographie der Grazer Umgebung III. S 4.40
Kümel F.: Das Faltenland von Mosul (mit 6 Textabbildungen und 4 Tafeln). S 37.50
Medwenitsch W.: Dritter vorläufiger Aufnahmsbericht über geologische Arbeiten im Unterengadiner Fenster (Tirol). S 3.70
Schroll E.: Über Unterschiede im Spurengehalt bei Wurtziten, Schalenblenden und Zinkblenden (mit 2 Textabbildungen). S 21.90

ISBN 978-3-662-22711-4   ISBN 978-3-662-24640-5 (eBook)
DOI 10.1007/978-3-662-24640-5

Zur Kenntnis der Retzer Sande

Von A. Bernhauser.

(Aus dem Paläontologischen Institut der Universität Wien)

Mit 12 Abbildungen im Text und auf 1 Tafel

Die Retzer Sande und vor allem ihre Fauna sind noch wenig bekannt, ihr Alter wurde zwar mit jenem der Eggenburger Schichten verglichen (Suess 1866, Vetters 1917), aber keineswegs ausreichend sichergestellt; die wenigen Fossilangaben von Suess und Vetters genügen dazu nicht. Durch eigene Aufsammlungen wurde 1954 ein größeres Material zustande gebracht, das nun im Paläontologischen Institut der Universität Wien liegt und die Grundlage der vorliegenden Untersuchung bildete[1].

1. Geologische Übersicht.

Lage: Die Fundpunkte stellen Aufschlüsse der sogenannten „Retzer Sande" dar. Es handelt sich um eine fein- bis mittelklastische, stellenweise zu Sandsteinen hohen Kalkgehaltes verfestigte Seichtwasserfacies des Burdigals. Die Nordwestküste dieser Ablagerungen bilden die stark zerklüfteten, in Landzungen und Halbinseln auslaufenden Manhartsberge. Nach Osten und Süden ist die Bucht offen, im Westen bildet der Höhenzug Hofinger Berg—Hangstein—Neu-Berg—Steinpertz—Hochsteiner Berg—Wartberg einen bis Zellerndorf reichenden Riegel gegen die Ober-Markersdorfer Bucht. Da dort andere Verhältnisse herrschen (Mährischer Schlier, Vetters 1917), wollen wir diese hier außer acht lassen. Der genannte Felsriegel hat jedenfalls halbinselartig weit ins Meer gegriffen. Bei einem Wasserstand von + 300 m war er stellenweise unterbrochen, so daß z. B. der Hochsteiner Berg mit Pillersdorf eine vorgelagerte Insel bildete; eine Möglichkeit, die durch alte, zum Teil weit über kopfgroße Rollsteine (u. a. am Hangstein) betont wird. Östlich von diesem Rücken sprangen noch die

---

[1] Für freundliche Überlassung eines Arbeitsplatzes und Beratung darf ich Herrn Prof. Dr. O. Kühn, weiters für ihre liebenswürdige Hilfsbereitschaft mit Literatur und Vergleichsmaterial den Herren Dozenten Dr. A. Papp, Dr. E. Thenius, Dr. H. Zapfe, Herrn Dr. F. Bachmayer und Herrn Dr. R. Weinhandl (alle Wien) sowie für weitgehende Unterstützung beim Aufsammeln Herrn Dipl.-Ing. K. Weidschacher danken.

Grillen-Berge, der Mitterberg und die Gollitschen als Halbinseln in das Burdigalmeer ein, bevor die Bucht mit dem weit nach NO ausschwingenden Retzer Beckenabschnitt zusammenstieß. Faziestrennende Bedeutung kommt aber diesen kleinen Halbinseln nicht zu. Die Gollitschen ist gegen die Windmühlen durch einen Sattel abgesetzt, war also bei Meereshöhen über + 280 m selbst Insel. Sie findet ihre Fortsetzung in einer kleinen, schon von Vetters (1917) erwähnten Gneispartie am Ober-Nalber Altbach und weiter südlich als Klippe im Liegenden der Fraselschen Sandgrube.

Strandreste: Umschreitet man die Nalber Bucht, so findet man an einigen Stellen Reste von Strandbildungen. Sie liegen in Meereshöhen von 280 bis 300 m. Außer den Rollsteinen gehören hieher: tiefe Abrasionsterrassen, z. B. an der Gollitschen und am Hochsteiner Berg, und schließlich eine kleine, stark modellierte Klippe wenige Meter von der Sandgrube an der Ober-Markersdorfer Straße. Wo die alte Straße (Kellergasse) mit der neuen (1904) wieder zusammentrifft, liegt nördlich derselben ein alter, aufgelassener Steinbruch. An dessen Ostseite wurde durch Erdaushub die Klippe freigelegt; sie ist länglich-birnförmig und sitzt auf einem schwach gekielten, schrägen und glatt polierten Felsstück auf (Abb. 1 a, b). Die Spalten in dieser Felsgruppe sind mit grobsandigem, blaßrotem, verhärtetem Sediment erfüllt. Nach einer persönlichen Mitteilung von Herrn Prof. Dr. Franz dürfte es sich hier um fossile Reste einer terrestrischen Bodenbildung (wahrscheinlich noch tertiär) handeln.

2. Fundpunkte.

A. Unter-Nalb: Hier liegen zwei Aufschlüsse ungefähr beim „H" von „Hungerfeld" (prov. Österr. Karte 1:50.000, Blatt 22) so nahe beisammen, daß man sie ohne weiteres gemeinsam behandeln kann (s. auch Weinhandel 1953). Es handelt sich um die Fraselsche und die Widhofsche Sandgrube. In letzterer wurde an der Stirn- (SW-) Seite folgendes Profil aufgenommen:

2 m	Löß mit Bodenbildung; die Decke schwankt im Bereich der Aufschlüsse von SW—NO von 2 m bis 0,3 m
30 cm	Kalksandsteinbank mit Steinkernen
2 m	Sand mit Fossilien
50 cm	Kalksandsteinbank
↓	Fossilienführender, teilweise verbankter Sand

Tafel 1

Abb. 1 a.

Abb. 1 b.

Abb. 1 a, b: Brandungsklippe nördlich der Ober-Markersdorfer Straße (Eigenphoto).

In der Fraselschen Sandgrube ist ein Stück einer Gneisklippe freigelegt worden, die wahrscheinlich eine Fortsetzung der „Gollitschen" ist. Es handelt sich wohl um den Gipfel eines submarin weit nach Süden in die Bucht einspringenden Rückens.

B. Ober-Nalb, Kirchfeld: Vom Unter-Nalber Hungerfeld ist das Burdigal zwischen Unter-Nalb und den Hügeln Steinpertz und Neuberg bis an den Ortsrand von Ober-Nalb und die Straße Ober-Nalb—Ober-Markersdorf weitgehend von der Lößdecke freierodiert. Es steht direkt unter der Dammerde an. Ein Stichgraben auf dem Kirchfeld SW Ober-Nalb ergab folgendes Profil:

30—80 cm	Dammerde
20—30 cm	Kalksandsteinschollen
60—80 cm	Humusuntermischter Sand mit Fossilien
10—15 cm	Fast geschlossene Kalksteinbank
↓	Sand

C. Ober-Nalb, Ober-Markersdorfer Straße: Knapp bevor sich die „neue" Ober-Markersdorfer Straße wieder mit der „alten" (heutigen Kellergasse) vereinigt, liegt südlich von ihr eine Sandgrube. Sie enthält grobes Quarzmaterial und Gneisgrus von gelbbrauner bis rotgelber Farbe. Das Sediment ist dicht gepackt und durch Kalk und Eisenoxyd klumpenweise verhärtet. Nach S fällt es unter ungefähr 40° unter den weitverbreiteten weißen Feinsand. Dazwischen schieben sich vereinzelte Kalksandsteinschollen (Abb. 2).

D. Ober-Nalb, große Sandgrube: N von Ober-Nalb setzen sich die Sande noch einige 600—800 m gegen die Manhartsberge fort und sind in einer mächtigen Sandgrube angeschnitten. Wir finden unter der schwachentwickelten Dammerde einen mit C übereinstimmenden rotgelben Grobsand von 2 bis 4 m Mächtigkeit, der vereinzelt Wirbeltierreste lieferte. Darunter folgen, ebenfalls nach Süden flach fallend, extrem fossilarme weiße und bunte Sande; das Grundgebirge wird hier nicht erreicht.

E. Pillersdorf, Sandgrube: Der Aufschluß liegt an dem von der Pillersdorfer Kirche zum Schrattenbach führenden Feldweg, knapp außer der Pillersdorfer Gemeindegrenze. Unter der 60—80 cm mächtigen Dammerde folgt eine plattige Kalksandsteinbank mit waagrechten Spalten, die sekundär ausgefällten Kalzit und (fossile?) Humuseinwaschungen enthalten. Im Liegenden folgt ein relativ feiner, fossilführender, fast kreideweißer Sand.

F. Pillersdorf, Kalvarienberg: Am Kalvarienberg zwischen Pillersdorf und Schrattenthal steht unter der seichten Rasendecke über eine größere Fläche ein Konglomerat aus grobklastischem Sandstein und derben Fossilien an. Von diesen ist der Großteil der Mollusken nur mehr in Steinkernen erhalten.

Von den aufgezählten Fundpunkten liegen die beiden letzten nicht mehr im Bereich der Nalber Bucht, sondern westlich des bereits genannten Felsriegels, und zwar an der S- bzw. SW-Seite des Hochsteiner Berges gegen das offene Becken.

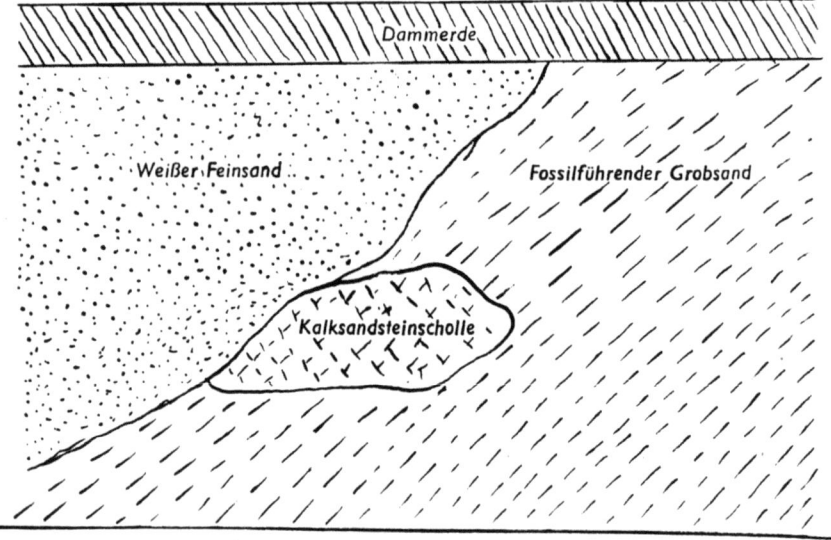

Abb. 2: Profilskizze der Sandgrube Ober-Nalb, Ober-Markersdorfer Straße.

3. Erhaltungszustand.

Trotz des hohen Kalkgehaltes der Sedimente ist ein großer Teil der Kalkschalen der Mollusken aufgelöst worden. Als sehr widerstandsfähig erwiesen sich hingegen die Schalen von Ostreen, Pectiniden, Balaniden und Brachiopoden. *Pectunculus fichteli* Desh. nimmt eine Zwischenstellung ein. Seine Schalen sind häufig erhalten, aber meist schon sehr stark umkristallisiert. Von den weiteren in der Folge aufgezählten Formen liegen nur Steinkerne, zum Teil noch mit Schalenresten, vor (außer bei Knochen, Bryozoen und Mikrofossilien). Eigentümlich ist die bei sehr vielen Turritellen auftretende Hohlsteinkernbildung. Die Innenseite der Gehäuse wurde in diesem Falle durch Kalzitkristalle ausgekleidet, teilweise scheinbar unter Einbeziehung der umkristallisierten Perlmutterschicht. Die Restschale wurde vollständig weggelöst, der innere Hohlraum bei einigen Exemplaren durch sekundäres Ausfallen von zitrin- bis braungelben Kalzitkristallen drusenartig ausgekleidet. Die Hohlsteinkerne selbst bestehen aus dichtgedrängten, langgestreckten Kristallen von blaßgelblicher Farbe, die, nur gering deformiert, stellenweise einreihig die 2—4 mm und darüber starken Wände bilden. Drusenbildungen der geschilderten Art kommen auch bei *Pectunculus* vereinzelt vor. Bei Mollusken, welche in den Kalksandstein eingeschlossen sind, sind die Schalen oft noch als weiche, kreidige Häutchen vorhanden, aber skulpturlos und kaum mehr konservierbar. Die freien Räume der Hohlsteinkerne und Drusen sind von Sand erfüllt, der Mikrofossilien und Schalensplitter von Mollusken enthält. In der Regel sind die Steinkerne aber massiv und bestehen aus verhärtetem Sediment, einem Gemisch von Quarzkörnern, stark kaolinisierten Feldspaten, Schalenbruchstücken von Mollusken und Balaniden, Echinodermenresten und Foraminiferen. Unter den Kalksandsteinbänken liegt, wie schon bei den Fundpunkten ausgeführt wurde (siehe oben), Lockersediment. Abgerollte Quarzkörner, Glimmerplättchen und geringe Mengen stark kaolinisierten Feldspates bilden zusammen mit Bryozoen, Balanidensplittern, Muschelgrus, Stachel- und Panzerresten von Kleinseeigeln und Mikrofossilien die klumpig durch Kalk verkitteten Sande, in denen bei wechselndem organischem Anteil die anorganischen Bestandteile immer bedeutend überwiegen. Die Großfossilien sind oft von verhärtetem Sand überkrustet und nicht immer vollständig freipräparierbar. Ihre Skulptur ist oft durch Sandschliff, also durch Bewegung von Sandkörnern mit dem Wellenschlag, undeutlich geworden; besonders ältere Individuen zeigen dies öfters. Die Kleinmollusken- und Ostracodenschalen lassen Spuren beginnender Korrosion durch zirkulierende Bodenwässer erkennen. Im allgemeinen sind die Fossilien der Retzer Sande also nicht sehr gut erhalten, doch sind die artcharakteristischen Merkmale fast überall, mit Ausnahme der meisten Schneckenreste, noch zweifelsfrei zu erkennen. Die Individuenzahl der meisten Arten ist gering.

4. Wirbeltierreste.

Wirbeltierreste sind in den beschriebenen Ablagerungen äußerst selten und, wohl eine Folge des stark bewegten Wassers, nur in kleinen Bruchstücken anzutreffen. Mit Ausnahme von Haizähnen und Rippenfragmenten von *Metaxitherium krahuletzi* Dep., die den größten Teil des Querschnittes umfassen, scheint eine makroskopische Bestimmung der Splitter nicht möglich. Daher wurde der Versuch unternommen, durch histologische Untersuchung (in Dünnschliffen) Anhaltspunkte über die systematische Zugehörigkeit der Reste zu gewinnen. Aus einer Gruppe zusammengehöriger Splitter wurde je ein Längs- und ein Querschliff angefertigt und mit Methylenblau-Chromsäure ausgefärbt. Der Vergleich mit Dünnschliffen bekannter Herkunft aus dem Besitz des Verfassers erlaubte folgende Zuordnung:

1. *Metaxytherium krahuletzi* Dep. (ein Rippenbruchstück und mehrere kleine Knochenfragmente),
2. Wal sp. (mehrere kleine Rippensplitter),
3. Landsäuger (Bruchstücke eines flachen Knochens),
4. Osteoidfische (Wirbelbruchstücke [Rest I] und Reste eines Gesichtsschädels [II]).

Beschreibung der Schliffe:

Metaxytherium krahuletzi Dep.: Der Querschliff (Abb. 3) zeigt Haverssche Kanäle von wechselndem, jedoch meist weitem Querschnitt. Sie sind von breiten, sehr scharf abgegrenzten Lamellengruppen umgeben. Zwischen den einzelnen Osteonen befinden sich Schaltlamellen, die meist zweifellos Reste teilweise resorbierter Haversscher Systeme darstellen. Die zahlreichen,

Abb. 3: Querschliff durch einen Rippensplitter von *Metaxitherium krahuletzi* Dep. Lamellen und Kittlinien sind stark betont, die Gefäße sehr weitlumig. 115 × vergr.

sehr deutlich ausgeprägten Kitt- und Resorptionslinien beherrschen das Bild und sind das optisch charakteristische Merkmal. Die Knochenzellen sind groß, annähernd kubisch und besitzen reichverzweigte Anastomosen.

Im Längsschliff sind die Haversschen Kanäle breit, dichotom verzweigt, unregelmäßig geschwungen und von breiten Lamellenbändern begleitet. Dazwischen sind immer wieder Querverbindungen getroffen. Auch hier treten die Kitt- und Resorptionslinien stark hervor.

Wal I: Der Querschnitt (Abb. 4) zeigt ein Netz dünner, lamellöser Balken, welche weite, unregelmäßig runde bis ovale Hohl-

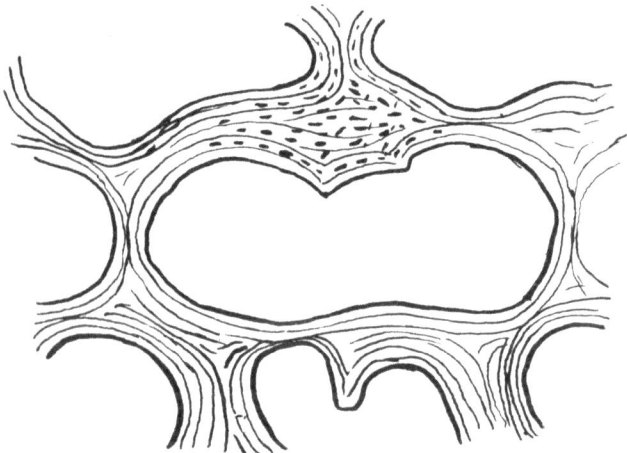

Abb. 4: Wal I, Rippensplitter quer. Charakteristische Lamellenführung. Knochenzellen an einer Stelle angedeutet. 115 × vergr.

räume umschließen. Eingeschaltete typische Osteone sind selten. Die Knochenzellen sind sehr groß, spindelförmig und besitzen zahlreiche starke Anastomosen.

Wal II: Der Querschnitt (Abb. 5) zeigt dieselbe Konfiguration, bei größerem Anteil an Knochenmasse. Dadurch rücken die englumigeren Hohlräume scheinbar weiter auseinander. Die breiteren Knochenbalken zeigen sehr deutlich ihren Aufbau aus zahlreichen, die Hohlräume konzentrisch umschließenden Lamellen.

Die Längsschliffe (Abb. 6) von beiden Stücken bestehen aus länglichen ovalen Hohlräumen, die von lamellären Knochenbalken umschlossen werden. In diese sind stellenweise typische Haverssche Systeme eingeschaltet. Das Schliffbild erweckt den Eindruck, als ob zwei verschieden weitlumige Osteonsysteme den gesamten Knochen aufbauen würden. Diese „Retikulärspongiosa" mit Überwiegen der weitlumigen Systeme ist zusammen mit schwach ausgeprägten bis fehlenden Kitt- und Resorptionslinien charakteristisch für Wale. Die histologischen Unterschiede der beiden besprochenen Reste lassen darauf schließen, daß sie zwei verschiedenen Gattungen angehörten. Das stünde mit den bestimmten Funden aus dem Burdigal des nördlichen Niederösterreich nicht in

Abb. 5: Wal II, Rippensplitter quer. Trotz verschiedener Massenproportionen gleiche Konfiguration. 115 × vergr.

Widerspruch, da Pia & Sickenberg (1934) insgesamt 12 Katalognummern Walreste von dort anführen, und zwar Vertreter der Gattungen *Cetotherium, Cyrtodelphis* und *Acrodelphis*.

Landsäuger (Splitter eines flachen Knochens): Knochenzellen und Gefäße sind klein, letztere von sehr verschiedenem Lumen, aber meist relativ weit voneinander entfernt (Abb. 7 a), stellenweise büschelartig verzweigt (Abb. 7 b). Zusammen damit können schwach betonte Lamellenzüge und kaum ausgeprägte Kitt- und Resorptionslinien als Charakteristika für Landsäuger gewertet werden.

Osteoidfische: Ihre Knochen sind durch das Fehlen von echten Knochenzellen und Haversschen Gefäßen gekenn-

Zur Kenntnis der Retzer Sande. 171

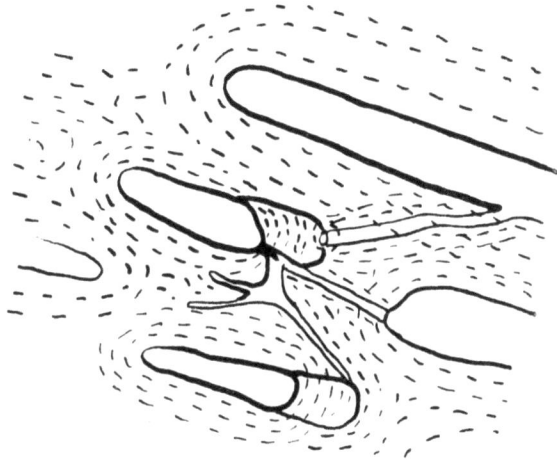

Abb. 6: Wal II, Rippensplitter längs. Zwischen den weitlumigen „Osteonen" eine Gruppe der relativ seltenen Haversschen Kanäle. 115 × vergr.

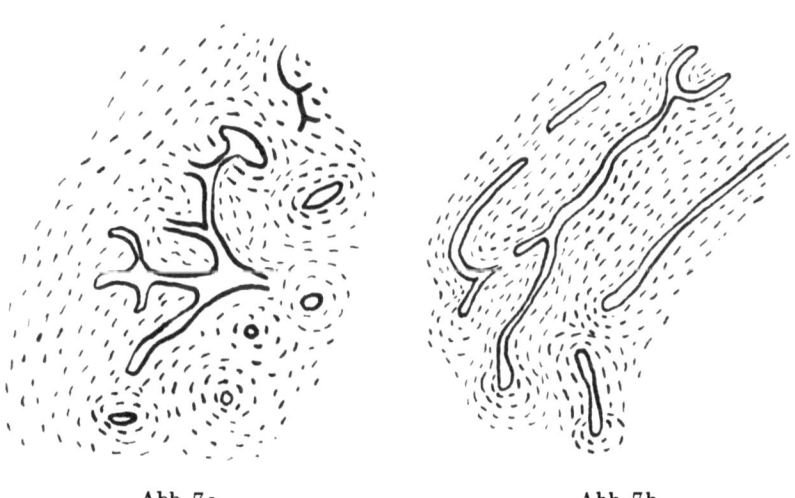

Abb. 7a.   Abb. 7b.

Abb. 7 a, b: Landsäugerknochen quer (a) und längs (b). Die Züge der Knochenzellen beherrschen das Bild. 115 × vergr.

zeichnet. Sie sind je nach Art und Skelettabschnitt bald kompakt, bald spongiös (Abb. 8) gebaut; die Knochenmasse wird von röhrenförmigen, sehr engen Hohlräumen durchzogen, welche, vielfach mit Dentinröhrchen verglichen, möglicherweise umgebildete Knochenzellen darstellen könnten (Bernhauser, 1954).

Die Haifischzähne entsprechen bis auf einen dem Typus „Lamna", sind also schmale, langgestreckte, klingenförmige Zähne mit zweiteiliger Wurzel, welche sehr kleine Nebenzähnchen haben können.

Ein zerbrochener Zahn hat drei gekrümmte Spitzen, gehört also zum Typus *Hexanchus* (Romer 1946, S. 67, Fig. 49 b).

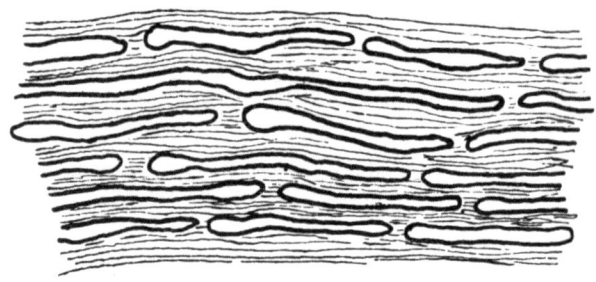

Abb. 8: Spongiöse Knochenpartie aus dem Wirbel eines Osteoidfisches. Osteone und Knochenzellen fehlen. 620 × vergr.

Verteilung der Wirbeltierreste.

	Un	Ong	Onk	Ons	P I
Zähne *Lamna* und *Hexanchus*	—	—	—	H	—
Osteoidfische: I. Wirbel	—	—	—	V	—
II. Schädelrest	—	V	—	—	—
III. Zähnchen aus Schlämmrückstand	—	—	V	—	V
Walreste (Rippensplitter)	W II	—	—	W I	—
Metaxytherium krahuletzi Dep.	—	V	—	V	—
Landsäuger (Bruchstücke)	—	V	—	—	—

Un = Unter-Nalb; Ong = Ober-Nalb, große Sandgrube; Onk = Ober-Nalb, Kirchfeld; Ons = Ober-Nalb, Ober-Markersdorfer Straße; P I = Pillersdorf, Schrattenthaler Sandgrube,

H = häufig; V = kommt vor; W I und W II = Walreste nach Beschreibung im Text.

Diese Tabelle soll nur einen Überblick über die Fundverteilung
geben, ökologische Bedeutung kann ihr nicht zukommen, da ja
sämtliche Formen dem Nekton angehörten und erst nach dem Zerfall der Kadaver eingeschwemmt worden sein dürften. Lediglich
die Fischreste können mit Vorbehalt als parautochthon angesehen
werden. Im allgemeinen läßt sich aber festhalten, daß die grobklastischen Geröllsande art- und zahlenmäßig den Hauptteil der
Reste stellen, wahrscheinlich auf Grund der Strandnähe.

5. Wirbellose I.: Makrofossilien.

Ostrea edulis L. adriatica Lam.

1910 Schaffer, Eggenburg, S. 12, Taf. 1, Fig. 1—5.

Diese durch starke Rippen und ausgeprägte Zuwachslamellen
auf der gewölbten linken und feine, eng konzentrische Lamellen
auf der rechten Klappe sowie durch den halbmondförmigen Muskeleindruck in der Schalenmitte gekennzeichnete Art bildet den
Hauptanteil der Ostreenreste. Ein Exemplar stimmt mit Beschreibung und Abbildung von *Ostrea (Cubitostrea) frondosa* de Serr. (in
Schaffer, 1910, S. 18, Taf. 7, Fig. 5—7) überein. Doch schließt
sich der Verfasser der Ansicht Schaffers, es handle sich bloß
um eine besondere Ausbildungsform von *Ostrea edulis*, an. Daher
wurde das Stück hier eingereiht und wird nicht gesondert angeführt.

Ostrea lamellosa Brocc.

1910 Schaffer, Eggenburg, S. 13, Taf. 1, Fig. 6—10; Taf. 2, Fig. 1, 2.

Die vorliegenden linken Klappen sind dickwandiger als *Ostrea
edulis*, von rundlichem Umriß. Der Wirbel ist bei einem Exemplar
ausgebrochen, bei dem zweiten dick, flach, mit breiter Ligamentfläche. Die Außenskulptur ist durch derbe, dichtstehende Lamellen
gekennzeichnet. Ungefähr 20 Rippen sind angedeutet, aber durch
starke Lamellenfurchen unterbrochen und in Leisten- (Knopf-)
Reihen aufgelöst.

Ostrea gingensis Schloth.

1910 Schaffer, Eggenburg, S. 15, Taf. 4, Fig.1, 2; Taf. 5, Fig. 1—3.

Das Schloß ist langgestreckt, die Bandgrube annähernd dreieckig, von zwei schmäleren Längswülsten begleitet, die nach außen
durch flache Furchen begrenzt werden. Der Wirbel ist schmal und
steil aufgekrümmt. Die gesamte Schloßfläche zeigt flachgewellte
feine Lamellen, welche direkt in die Seitenteile übertreten und

dort geradegestreckt weiterverlaufen. Der Muskeleindruck ist tief eingesenkt und halbkreisförmig. Die Außenseite ist stark verwittert und von zahlreichen Bohrgängen von *Vioa* durchsetzt.

Ostrea fimbriata Grateloup.

1910 Schaffer, Eggenburg, S. 16, Taf. 6, Fig. 6—8.

Die Oberklappen sind langgestreckt, nahezu gleichmäßig breit und ziemlich dickschalig. Die Zuwachslamellen sind bei einem kleineren (37 mm langen) Exemplar über die ganze Oberfläche, bei einem größeren (etwa 90 mm langen) nur im letzten Drittel deutlich ausgeprägt. Die Bandfläche des Wirbels ist wenig eingesenkt und von Seitenfurchen begrenzt. Bei größeren Stücken ist sie eben, Seitenfurchen sind hier kaum angedeutet. Der Muskeleindruck ist groß, schräg nach unten gestellt, roh tropfenförmig.

Ostrea fimbriata Grat. **crassa** Schff.

1910 Schaffer, Eggenburg, S. 17, Taf. 7, Fig. 1—4.

Die linke Klappe ist dickwandig, hochgewölbt und von länglich ovalem Umriß. Die Skulptur wird durch zahlreiche, relativ engstehende Lamellen gebildet, die Oberfläche ist unregelmäßig höckerig, der älteste Schalenanteil frei von Lamellen. Das Schloß ist leicht eingerollt, die Bandfläche breit, quergestellt und von sehr niederen Wülsten gesäumt. Der Muskeleindruck ist laut Schaffer (1910) groß, halbrund und etwas nach hinten gerückt, hier sehr undeutlich.

Diese Unterart Schaffers ist derart charakteristisch, daß sie wohl beibehalten werden sollte.

Anomia cf. **epihippum orbiculata** Sacco.

1897 Sacco & Bellardi, I Moluschi dei Terrenti Terziari, S. 31, Taf. 10, Fig. 11—13.

Die Form ist relativ klein, ihre Proportionen schwanken im Durchschnitt zwischen 1,6 : 1,2 und 1,1 : 0,9 cm.

Die Schalen sind ungleichseitig, jedoch meist sehr kurz. Die rechte Klappe ist hochgewölbt, die linke etwas flacher, der Wirbel ist weit auf die Schale hinaufgezogen; unter ihm befindet sich ein schmaler, meist undeutlicher Muskeleindruck. Der gesamte Schalenrand ist in der Regel verdickt, die Ligamentgrube nur als schmale, schwach ausgeprägte Rinne angedeutet. Die Schalenskulptur besteht aus feinen, häufig gewellten Zuwachsstreifen und sehr zarten Radialrippen. Im Extremfall ist jedoch eine der beiden Komponenten von der anderen fast völlig überdeckt. Die Form der Schalen ist äußerst variabel. Daher möchte ich sie, solange nicht weitere

Fundpunkte zur Ergänzung vorliegen, mit Vorbehalt bei der angeführten Unterart belassen. Ob die geringe Durchschnittsgröße eine Lokalvariante derselben darstellt oder als eigene Varietät gelten sollte, bleibe somit noch offen. Vorkommen nur Ober-Nalb/OMStr., in sehr seichter Brandungsfazies.

Chlamys holgeri Geinitz.

1910 S c h a f f e r, Eggenburg, S. 37, Taf. 16, Fig. 19 u. 20; Taf. 17, Fig. 1, 2.
1939 R o g e r, Chlamys, S. 31, S. 34, Abb. 14, Taf. 16, Fig. 2.

Drei stark verwitterte rechte Klappen, deren größte 168 : 179 mm mißt, und kleine Bruchstücke zweier linker Klappen liegen aus der Schrattenthaler Sandgrube bei Pillersdorf vor. Scheinbar schon vor der Fossilisation wurden die Schalen soweit korrodiert, daß die Skulptur nur mehr in Andeutungen zu erkennen ist, doch ist das seitliche Schmälerwerden der Rippen noch deutlich wahrnehmbar. Der Wirbel ist nur wenig eingerollt, die Ohren fast gleich groß, ihre Radialrippchen und Zuwachsstreifen stellenweise noch erkennbar. Der Byssusausschnitt ist sehr schwach, aber erkennbar.

Die Innenseiten sind von verhärtetem Sediment erfüllt.

Nach R o g e r (1939, S. 35) ist diese Art typisch für das Burdigal des Wiener Beckens; aus dem Helvet sei sie nur von einem italienischen Fundort bekannt.

Chlamys opercularis L.

1910 *(Aequipecten opercularis* L. var. *minotransversa)* S c h a f f e r, Eggenburg, S. 36, Taf. 16, Fig. 10—13; (var. *elongata* Jeffer) S c h a f f e r, Eggenburg, Taf. 16, Fig. 14, 15.
1939 R o g e r, Chlamys, S. 131, Taf. 16, Fig. 6—7; Taf. 17, Fig. 3—5.

Die vorliegenden Exemplare unterscheiden sich von der Beschreibung S c h a f f e r s (1910) durch den Besitz von 17—19 statt 20 Radialrippen. Zwischen diesen sind die von S c h a f f e r (1910) beschriebenen Radialstreifen, meist 2—3, seltener 1 oder 4, ausgebildet, die erst unterhalb der ersten Wachstumszäsur einsetzen. Durch feine, engstehende Zuwachsstreifen erhält die jüngere Schale eine genetzte Skulptur von betonten Radial- und schwächeren Ringkomponenten. Das Gehäuse ist fast gleichklappig, wenig ungleichseitig, regelmäßig abgerundet, der Bauchrand schwach gewellt. Die Ohren sind groß, das hintere schräg nach unten abgeschnitten; sie zeigen 4—6 unregelmäßig geschuppte Radialstreifen, das vordere ist bei allen mir vorliegenden Exemplaren beschädigt, der tiefe, an der Basis gezähnelte Byssusausschnitt ist bei der rechten Klappe eines juvenilen Exemplars deutlich erkennbar.

Roger (1939) führt *Chlamys opercularis* als niemals häufig an, unter anderen aus dem Vindobonien des Wiener Beckens sowie aus Süddeutschland und weiters aus dem Burdigal von Vierland. Er nimmt eine nördliche Entstehung bei Trennung von *Chlamys scabrella* im Oligozän an. Er erwähnt die Bestimmung S c h a f f e r s (1910) nicht. Auf Grund der Übereinstimmung der Form sowohl mit S c h a f f e r s Beschreibung als auch mit den Abbildungen von R o g e r (Taf. 16, Fig. 3—5) und S c h a f f e r (Taf. 16, Fig. 10—13) scheint es gerechtfertigt, die Bezeichnung *Chlamys opercularis* auch im Untermiozän des nördlichen Niederösterreich aufrechtzuerhalten. Da S c h a f f e r (1910) selbst die Unterschiede gegen die var. *transversa* Clem. hervorhebt, R o g e r (1939) S c h a f f e r s var. *minotransversa* nicht erwähnt, sondern nur die Schwierigkeit in dieser Stufe, *Chlamys opercularis* von *Chlamys scabrella* zu trennen, bliebe hier lediglich die Beibehaltung der Unterart zur Diskussion gestellt.

Chlamys praescabriuscula Fontannes.

1910 S c h a f f e r, Eggenburg, S. 35, Taf. 16, Fig. 6—9.
1939 R o g e r, Chlamys, S. 116, Taf. 15, Fig. 3—4.

Die Art ist fast gleichklappig, etwas ungleichseitig und zeigt einen gleichmäßig geschwungenen, sehr schwach gewellten Bauchrand. Die linke Klappe ist etwas flacher als die rechte. Die Ohren sind mit Radialstreifen und schwachen Querbändern bedeckt, das vordere Ohr der rechten Klappe zeigt einen tiefen, spitz angesetzten Byssusausschnitt. Die Skulptur der Außenseite zeigt 15 Radialrippen, die nach außen an Breite zunehmen und durch breite Zwischenräume getrennt werden. Die gesamte Oberfläche der Schale ist von feinen, gewellten Zuwachsstreifen und sehr feinen, gewellten Längsrippchen bedeckt, wodurch eine charakteristische, eng gegitterte Feinskulptur entsteht (R o g e r, 1939, Taf. 15, Fig. 4).

Nach R o g e r (1939, S. 118) ist diese Art leitend für das obere Burdigal Frankreichs.

Chlamys multistriata Poli.

1939 R o g e r, Chlamys, S. 165, Taf. 22, Fig. 5, 7, 11—15; Taf. 23, Fig. 5; Taf. 24, Fig. 8—9.

Die rechte Klappe ist gewölbt, mehr als doppelt so lang als breit und zeigt 21 erkennbare Hauptrippen; dazu kommen noch 8—10 schmälere Sekundärrippen. Das hintere Ohr ist groß und an der aufgewölbten Schale tief gekehlt angesetzt, sein Umriß ungefähr ein rechtwinkeliges Dreieck. Das vordere Ohr und die Innenseite der Schale sind unter hart verkittetem Sediment unzugänglich. Ein Exemplar zeigt eine starke Deformation des hinteren Schalenrandes. Auf diese Möglichkeit wird auch von Roger (1939, S. 166) hingewiesen. Daß Schaffer (1910) diese Art als *Chlamys gloriamaris* Dub. var. *eggenburgensis* Schff. bezeichnet hat, wäre möglich, kann aber ohne ausreichendes Vergleichsmaterial nicht entschieden werden.

Vorkommen: nach Roger (1939, S. 167) ab Basis Burdigal. Kautsky (1928) hält die Beibehaltung der Unterart var. *tauroperstriata* im niederösterreichischen Burdigal für nicht notwendig.

Pecten pseudo-beudanti Deperet et Roman.

1910 Schaffer, Eggenburg, S. 44, Taf. 20, Fig. 7—10.
1929 Roger, Chlamys, S. 240.

Die sehr ungleichklappige Form ist eines der kennzeichnenden Fossilien dieser Fazies. Die Schalen sind gleichmäßig, die obere Klappe ist flach, mit leicht aufgewölbten Seitenteilen und mäßig großen, fast gleichen Ohren. Sie zeigt 11 Radialrippen. Die von Schaffer angegebenen feinen Rippchen auf den erhabenen Seitenteilen und den Ohren sind bei einigen Exemplaren undeutlich, bei einem fehlen sie ganz. Die untere Klappe ist tief gewölbt, der Wirbel eingekrümmt. Sie hat 13—16 Radialrippen von ungleicher Stärke, und zwar sind die mittleren breiter als die äußeren. Zuwachsstreifen sind hauptsächlich zwischen den Rippen erkennbar.

Pecten hornensis Dep. & Rom.

1910 Schaffer, Eggenburg, S. 44, Taf. 22, Fig. 3—7.
1939 Roger, Chlamys, S. 241.

Das Gehäuse ist ungleichklappig, etwas ungleichseitig; die obere Klappe ist flach, leicht konkav und trägt 11 Haupt- und jederseits 4—5 (nach Schaffer 3—6) feine Nebenrippen. Eine veränderliche Zahl der Hauptrippen hat seichte, scharf abgegrenzte Medianfurchen. Die untere Klappe ist tief gewölbt, der Wirbel etwas eingerollt. Sie hat nach Schaffer (1910) 15—16 Rippen, davon 11—12 Hauptrippen. Medianfurchung der Rippen ist vorhanden. Die ganze Schale wird von welligen Zuwachsstreifen bedeckt, die auf der linken Klappe viel feiner sind als auf der rechten. Die Ohren sind fast gleich, zeigen feine wellige Zuwachsstreifen und einige schwache, abgerundete Rippen. Ein Byssusausschnitt ist nach Schaffer (1910) vorhanden, konnte aber nicht beobachtet werden.

Roger (1939, S. 241) erwähnt eine Mitteilung Trauths, nach welcher *Pecten hornensis* zusammen mit *Chlamys praescabriuscula* in Unter-Nalb gefunden wurde.

Pectunculus (Axinea) fichteli Desh. vindobonensis Schff.
1910 Schaffer, Eggenburg, S. 58, Taf. 27, Fig. 1—5.

Diese Art liegt in Form von Steinkernen mit mehr oder weniger gut erhaltenen Schalenresten vor. Einige dieser nicht selten doppelklappigen Schalen klaffen beim Wirbel so weit, daß die für die Unterart charakteristischen drei Horizontallamellen über den Zähnen auf der Schloßplatte deutlich erkennbar sind. Es darf wohl angenommen werden, daß sämtliche vorliegende Stücke dieser Unterart angehören.

Callista lilacinoides Schaffer.
1910 Schaffer, Eggenburg, S. 78, Taf. 36, Fig. 1—5.

Die zum Teil beträchtlich großen Steinkerne zeigen noch deutlich die Folge der Schalenfurchen und sind daher nach den Abbildungen Schaffers sicher bestimmbar.

Pholadomya alpina Math. rostrata Schff.
1910 Schaffer, Eggenburg, S. 97, Taf. 45, Fig. 2, 3.

Auch diese Art ist nur in beschädigten Steinkernen vorhanden. Die Form und die schmalen, ziemlich engstehenden Rippen machen ihre Bestimmung ziemlich eindeutig.

Teredinen:

Steinkerne von Bohrgängen von Teredinen finden sich teils in Bruchstücken, teils in Klumpen, nicht selten noch von der ehemaligen Kalkauskleidung umhüllt. Das Holz, welches diese Bohrgänge enthielt, ist restlos zerstört und durch formloses Sediment ersetzt worden. Die Sandgrubenarbeiter von Unter-Nalb nennen die verklumpten Bohrgangausfüllungen bezeichnenderweise „Hirn".

Turritella cf. terebralis Lam. gradata Menke.
1912 Schaffer, Eggenburg, S. 160, Taf. 52, Fig. 3.

Die meist unvollständigen Steinkerne sind fast immer obere Windungen, welche den charakteristischen Kiel noch erkennen lassen. Die Bruchstücke umfassen je 2—3 Windungen.

Turitella (Haustator) cf. vermicularis Brocc. tricincta Schff.
1912 Schaffer, Eggenburg, S. 161, Taf. 52, Fig. 23—25.

Hier liegen Bruchstücke von Steinkernen vor, von welchen einer noch einen geringfügigen Schalenrest trägt. Die Umgänge sind nieder, die drei Skulpturreifen deutlich erkennbar. Es besteht also kaum ein Zweifel, daß die Reste dieser Art zugehören, zumal S c h a f f e r (1912, S. 161) diese Merkmale zur Charakterisierung der Steinkerne betont.

Turitella (Haustator) cf. vermicularis Brocc. lineolatocincta Sacco.

1912 S c h a f f e r, Eggenburg, S. 162, Taf. 53, Fig. 1—4.

Ähnlich wie S c h a f f e r s Exemplare sind die vorliegenden, meist Bruchstücke von Hohlsteinkernen, schlecht erhalten. Stellenweise sind noch 4—6 feine Querstreifen erkennbar, so daß auf die Zugehörigkeit der Reste zu dieser Form geschlossen werden darf.

Protoma cf. cathedralis Brong. paucicincta Sacco.

1912 S c h a f f e r, Eggenburg, S. 164, Taf. 53, Fig. 17—21.

Die Art liegt in Steinkernen mit zum Teil umkristallisierter, schlecht erhaltener Restschale vor. An sämtlichen Umgängen, mit Ausnahme des untersten, sind stellenweise drei mäßig scharfe Kiele erkennbar. Diese erlauben zusammen mit dem „pfriemförmigen" Umriß eine annähernde Bestimmung der Stücke.

Außer den angeführten Arten liegen aus Ober-Nalb, Kirchfeld eine beträchtliche Anzahl nicht mehr bestimmbarer Hohlsteinkerne von Turritellen vor.

Natica cf. millepunctata Lam.

1912 S c h a f f e r, Eggenburg, S. 165, Taf. 54, Fig. 5—7.

Unvollständige Steinkerne können auf Grund folgender Merkmale als Vertreter der Art gelten: Der Nabel ist weit, der jüngste Umgang nimmt sehr rasch an Breite zu und hat am Ende einen annähernd halbmondförmigen Querschnitt mit fast geradem innerem Lippenrand.

Trochus (Oxystele) amedei Brong.

1912 S c h a f f e r, Eggenburg, S. 171, Taf. 54, Fig. 36—39.

Zahlreiche Steinkerne, welche zum geringen Teil noch Schalenreste tragen, des öfteren aber noch Skulptur erkennen lassen, gehören dieser Art an. Die Steinkerne sind flach, gegen den jüngeren Gehäuseteil unregelmäßig abgeschrägt und lassen in der Regel noch drei bis vier Windungen erkennen. Die Skulptur wird durch 5—6 schwache, manchmal leicht gewellte Reifen gebildet, welche die Oberseite der Windungen entlanglaufen.

Eine größere Anzahl oft gebrochener Steinkerne, welche keine Skulptur zeigen, wurden ebenfalls als *Trochus amedei* Brong.

bezeichnet. Es ist möglich, daß die glatten Steinkerne einer anderen Art der Gattung Trochus zugehören, doch schien es dem Verfasser besser, sie mangels eindeutiger Kriterien bei der einzigen zweifelsfrei erkennbaren Art zu belassen.

Terebratula cf. *hoernesi* Suess.

1912 Schaffer, Eggenburg, S. 193, Taf. 58, Fig. 1—8.

Die ventrale Klappe ist unregelmäßig länglich, der jüngere Teil an einer scharf ausgeprägten Zuwachslinie gegen den älteren nach links verschoben, ein halbmondförmiger Mittelteil etwas schräg angesetzt, der jüngste Teil der Schale ist sehr steil gestellt. Im ältesten Teil sind die Zuwachsstreifen schmal, relativ fein und enggestellt, im mittleren Teil etwas derber, aber über große Flächen verwischt, im jüngsten Gehäuseteil breit, grob und dachziegelförmig gegeneinander abgesetzt. Die dorsale Klappe ist unregelmäßig halbrund, das Mitteljoch und ein (rechtes) Seitenjoch stark, ein weiter rechts liegendes zweites Seitenjoch etwas schwächer ausgeprägt. Die Zuwachsstreifen folgen dem Vorbild der Ventralklappe, sind aber wesentlich feiner und enger gestellt. Die rechte Cruralplatte ist zum größten Teil erhalten, jedoch ist die Schloßregion bei allen Stücken ausgebrochen, Muskeleindrücke sind nicht erkennbar.

Balanus concavus Bronn.

1910 Schaffer, Eggenburg, S. 121, Taf. 48, Fig. 2—8.

Zu dieser in ihrer Form überaus veränderlichen Art wurde vom Verfasser die Mehrzahl der aufgesammelten Balaniden gestellt. Es ist möglich, daß sich unter der Masse der so bezeichneten Stücke auch Exemplare von *Balanus tintinabulum* L. befinden, doch sind die Reste so ähnlich, daß es eines Spezialisten bedürfte, um sie zu trennen. Es verdient jedoch festgehalten zu werden, daß sich unter dem Material auch ein Bruchstück befindet, welches die von de Alessandri erwähnte Unterlagenmimikry (auf Pecten?) augenfällig zeigt.

Balanus crenatus Brug.

1910 de Alessandri in Schaffer, Eggenburg, S. 123, Taf. 48, Fig. 9.

Diese Art wird durch einige kleinere Exemplare vertreten, welche auch die von de Alessandri (1910) angegebene dreieckige Öffnung zeigen. Die Schalen sind außen grob gerippt. Soweit es noch erkennbar ist, saßen sämtliche vorhandenen Exemplare dieser Art auf Geröll auf.

Verteilung der Wirbellosen.
I. Makrofossilien.

	Un	Onk	Ons	P I	P II
Ostrea edulis L. *adriatica* Lam.	H	V	—	V	V
Ostrea lamellosa Bocc.	V	V	—	—	—
Ostrea gingensis Schloth.	S	—	—	—	—
Ostrea fimbriata Grat.	S	—	—	—	—
Ostrea fimbriata Grat. *crassa* Schff.	S	—	—	—	—
Anomia cf. *eppihippum orbiculata* Sacco	—	—	H	—	—
Chlamys holgeri Gein.	—	—	—	V	—
Chlamys opercularis L. ....:	V	—	—	—	—
Chlamys praescabriuscula Font	H	—	—	—	—
Chlamys multistriata Poli	S	S	—	—	—
Pecten pseudo-beudanti Dep. & Rom. ...	H	V	—	—	—
Pecten hornensis Dep. & Rom.	V	V	—	V	—
Pectunculus (Axinea) fichteli Desh. *vindobonensis* Schff.	V	H	—	—	—
Callista lilacinoides Schff.	V	H	—	—	—
Pholadomya alpina Math. *rostrata* Schff.	S	S	—	—	—
Teredineae	V	V	—	—	—
Turritella cf. *terebralis* Lam. *gradata* Menke	V	—	—	—	—
Turritella (Haustator) cf. *vermicularis* Brocc. *tricincta* Schff.	S	S	—	S	—
Turitella (Haustator) cf. *vermicularis* Brocc. *lineolatocincta* Schff.	—	H	—	—	—
Turitella, Hohlsteinkerne indet.	—	H	—	—	—
Protoma cathedralis Brong. *paucicincta* Sacco.	S	—	—	—	S
Natica cf. *millepunctata* Lam.	S	—	—	—	—
Trochus (Oxystele) amedei Brong.	V	H	—	—	—
Terebratula cf. *hoernesi* Suess	S	—	?	—	—
Balanus concavus Bronn.	H	V	—	H	H
Balanus crenatus Brug.	V	—	—	—	—
Cancer sp.	—	+	—	—	—
Echinolampas sp.	+	—	—	—	—

Un = Unter-Nalb; Onk = Ober-Nalb, Kirchfeld; Ons = Ober-Nalb, Ober-Markersdorfer Straße; P I = Pillersdorf, Sandgrube; P II = Pillersdorf, Kalvarienberg.

H = häufig; V = kommt vor; S = selten; + = Einzelexemplare.

Cancer sp. (det. F. Bachmayer)

Ein rechter unbeweglicher Scherenfinger wurde frei am Kirchfeld (Ober-Nalb) gefunden. Er läßt sich leider nicht näher bestimmen, verdient aber erwähnt zu werden, da es sich um den ersten Nachweis dieser Gattung aus dem Burdigal des Wiener Beckens handelt.

Echinolampas sp.

1912 (cf. *Echinolampas laurillardi* Agg.) S c h a f f e r, Eggenburg, S. 189, Taf. 60, Fig. 4, 6.

Aus Unter-Nalb liegt ein beschädigtes, teilweise mit Sediment verkrustetes Exemplar vor. Der Panzer ist steinkernartig von Sediment erfüllt. Die Lage von Peristom und Periproct ist erkennbar. Auf einem Teil des Rückenpanzers sind die Stachelwärzchen noch gut erhalten.

6. Wirbellose II.: Mikrofossilien.

A. K l e i n f a u n e n :

Geschlämmt und ausgesucht wurden Sedimentproben aus Unter-Nalb, Ober-Nalb—Kirchfeld und Pillersdorf I. Die Schlämmrückstände enthielten außer Foraminiferen noch eine Reihe weiterer Tierreste, die hier nach Fundpunkten kurz aufgezählt werden sollen.

U n t e r - N a l b: Bruchstücke von Balaniden, Bryozoenstöckchen, Kleinechinodermen (Stacheln und Panzerplatten), Spongiennadeln und Schalensplitter von *Scalaria* sp., Pectiniden und Anomien.

O b e r - N a l b: Bruchstücke von Balaniden, Bryozoen, Echiniden (Stacheln und Panzerreste), Spongiennadeln, Bruchstücke von Molluskenschalen, 2 kleine Teleostierzähnchen.

P i l l e r s d o r f: Bruchstücke von Balaniden, Bryozoenstöckchen, Echiniden (Stacheln und Panzerplatten), Spongiennadeln, Pectinidensplitter, eine kleine Ostrea, ein Teleostierzähnchen.

Außer den spärlichen Teleostierzähnchen wurden also nur Reste von Wirbellosen gefunden. Davon stellen Balaniden-, Bryozoen- und Echinodermenreste mit ungefähr gleichem Anteil die Hauptmasse der Begleitfauna. Spongiennadeln sind selten, Kleinmollusken, vor allem aus Unter-Nalb, reichlicher vertreten. Ostracoden sind in allen drei Proben vorhanden, und zwar hat Pillersdorf die schwächste, Unter-Nalb die stärkste Ostracodenpopulation. Eine eingehende Beschreibung derselben muß aber, schon aus technischen Gründen, auf einen späteren Zeitpunkt verschoben werden.

B. **Bryozoen** (nach Prof. Dr. O. Kühn):

Cellaria fistulosa L.
Cillia cilliae n. sp.
Holoporella polythele (Reuss) Kühn
Holoporella globularis (Reuss) C. & B.
Myriapora truncata Pallas
Ceriopora chaetetoides Kühn
Diaperoecia rugulosa (Manz) C. & B.
Hornera striata Milne-Edwards
Tretocycloecia distincta n. sp.
Reteporidea reussi n. sp.

C. **Foraminiferen** (in Übereinstimmung mit Dr. R. Weinhandl):

Es verdient festgehalten zu werden, daß die Retzer Sande eine zwar artenarme aber ziemlich individuenreiche Fauna führen. Leider ist ihr Erhaltungszustand zu schlecht, um sämtliche Arten genau bestimmen zu können.

Auffallend ist jedenfalls das Fehlen der Lageniden. Lediglich *Globulina gibba* tritt in drei Varianten in einer Anzahl von Exemplaren auf. Daneben findet man Textularien, *Bulimina aff. elongata, Triloculina* sp., *Polymorphina* sp., *Vaginulina* sp., zahlreiche Cibicidesarten, darunter *C. lobatulus* (d'Orb) in sehr schöner Ausbildung, auch *C. ungeriana* (d'Orb) ist ziemlich sicher. Cibicides und Elphidien mit *E. flexuosum* u. a. bilden einen Hauptteil der Fauna. Das wesentlichste Element derselben ist *Asterigerina planorbis* d'Orb. Die Form wird mit vielen, zum Teil großen und sehr schön ausgebildeten Individuen direkt zum Charakteristikum dieser Ablagerungen. Man könnte hier fast von einer „Zone der *Asterigerina planorbis*" sprechen.

Globigerinen fehlen in der Bucht. Nur in der Probe von Pillersdorf sind einige Exemplare von *Globigerina bulloides* d'Orb zu finden.

D. **Die Mycelitesgruppe.**

Zur Vervollständigung der aufgezählten Fossilien sollen noch Lebensspuren einer Gruppe von Bohralgen besprochen werden, welche in der Literatur gewöhnlich unter dem Namen *Mycelites ossifragus* Roux aufscheinen. Zum Nachweis der Reste wurden eine Anzahl von Dünnschliffen von Haizähnen, Mollusken- und Balanidenresten, letztere zum Teil mit erhärtetem Sedimentausguß, angefertigt und mit Methylenblau-Safranin-Chromsäure gefärbt.

Außerdem enthielten viele der bereits besprochenen Knochendünnschliffe Bohr- oder richtiger Ätzgänge dieser Algen. Der Verfasser hat vor kurzem (1953) eine kleine Übersicht über Mycelites im Tertiär veröffentlicht und konnte dabei den Sammelnamen in eine Anzahl von Typen, die zum großen Teil „confr." bestimmt wurden, teilen. Auf dieser Basis wurde die Untersuchung durchgeführt. Das Material enthielt folgende Formen:

Cf. *Hyella caespitosa* Bornet & Flahault (Abb. 9): Meist einzeln liegende annähernd gerade, relativ weite Bohrgänge, welche nicht sehr häufig verzweigt sind. Die Verzweigungen sind im typischen Falle sehr weitwinkelig (bis 180°), die „Endköpfchen" nur wenig aufgetrieben. In Schneckenschalen sind die Gänge oft etwas verknäult. Auftreten: In Knochenresten und Muscheln selten, in Schneckenschalen häufiger, aber weniger typisch.

Cf. *Gomontia polyrhiza* Born. & Flah. (Abb. 10 a): Junge Kolonien und Einzelfäden zeigen einen mehrfach geschwungenen Verlauf, ihre Verzweigungen sind mäßig engwinkelig, aber stellen-

Abb. 9: cf. *Hyella caespitosa* Born & Flah. in einem Walknochen. 620 × vergr.

weise ziemlich häufig. Nach längerem Wachstum durchsetzt eine überaus große Zahl von Bohrgängen das Substrat, zerstört den größten Teil der Struktur und wuchert gruppenweise weiter

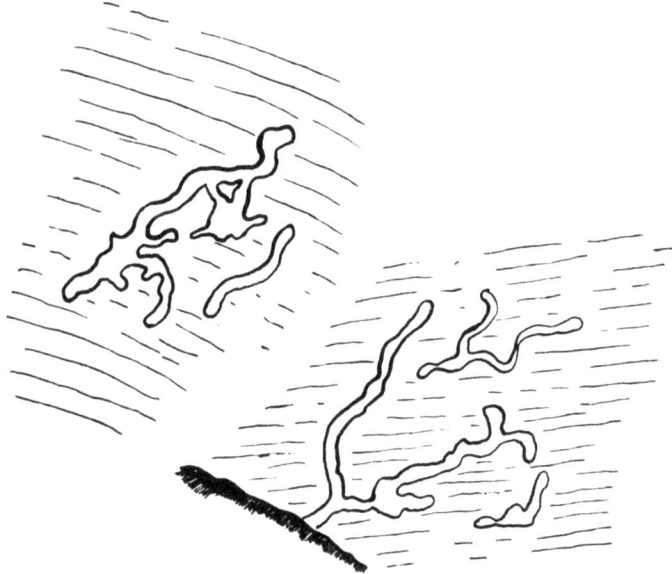

Abb. 10 a: cf. *Gomontia polyrhiza* Born. & Flah,, junge Kolonie in Haizähnen vom Typ „*Lamna*". 620 × vergr.

Abb. 10 b: Wie 10 a, alte Kolonie in einem Rippensplitter von *Metaxytherium krahuletzi* Dep. 620 × vergr.

(Abb. 10 b). Die „Endköpfchen" sind oft deutlich aufgetrieben. Diese Form bevorzugt Knochen. Sie dringen in der Regel von der Oberfläche sowie durch Haverssche Kanälchen und größere Blutgefäßkanäle in die mazeriert im Wasser liegenden Stücke ein. Im Falle die Bezeichnung *Mycelites ossifragus* Roux nicht als Sammelname gewertet würde, müßte der Namen *Gomontia polyrhiza* Born. & Flah. zu ihrem Gunsten eingezogen werden. Die Formen *Mycelites ossifragus* Roux s. str. und *Gomontia polyrhiza* Born. & Flah. sind ident.

Abb. 11 a: cf. *Ostracoblabe implexa* Born & Flah. Querschliff durch einen Muschelsplitter, 620 × vergr.

Cf. *Ostracoblabe implexa* Born. & Falh. (Abb. 11 a): Sehr feine, selten engwinkelig verzweigte Bohrgänge. Sie durchsetzen ihr Substrat dichtgedrängt, aber nicht verknäult, meist ziemlich gerade von außen nach innen, etwas seltener auch schräg. Bieten Verletzungen der Oberfläche tieferliegende Angriffspunkte, so dringen die Algen von diesen aus in querer Richtung ein (Abb. 11 b). Ostracoblabe findet sich meist in Mollusken, besonders in Muscheln; auch in Balaniden treten sie auf, bleiben aber in ihrer Häufigkeit weit hinter jener in Muschelschalen zurück (Abb. 11 c).

Große, tropfenförmige Grünalge: Diese noch nicht näher bezeichneten Algen bilden im Gegensatz zu den bisher besprochenen Formen keine langen Gänge, sondern ätzen sich als halbkreis- bis tropfenförmige Gebilde zuweilen tief in die Schalen der befallenen Mollusken ein (Abb. 12). Sie sind die individuen-

Zur Kenntnis der Retzer Sande. 187

Abb. 11 b: Wie 11 a, in *Pecten pseudo-beudanti*, Tangentialschliff. Queres Eindringen einzelner Individuen durch Verletzungen. 620 × vergr.

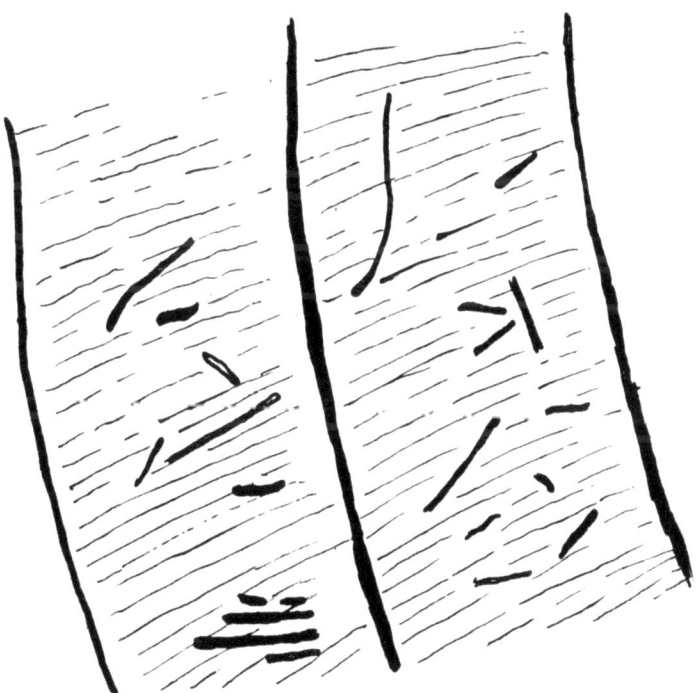

Abb. 11 c: Wie 11 a, Auftreten in Balanidenpanzern. 620 × vergr.

ärmsten Bohralgen des Marins und fallen in erster Linie durch ihre Größe auf. Die genannte Form tritt spätestens im Burdigal auf, wahrscheinlich aber schon viel früher. Sie ist im Marin selten, im Brack des norddeutschen Wattenmeeres und im Pannon des Wiener Beckens (Bernhauser 1953) aber viel häufiger. Die systematische Stellung der Form innerhalb der Grünalgen muß leider noch offen bleiben.

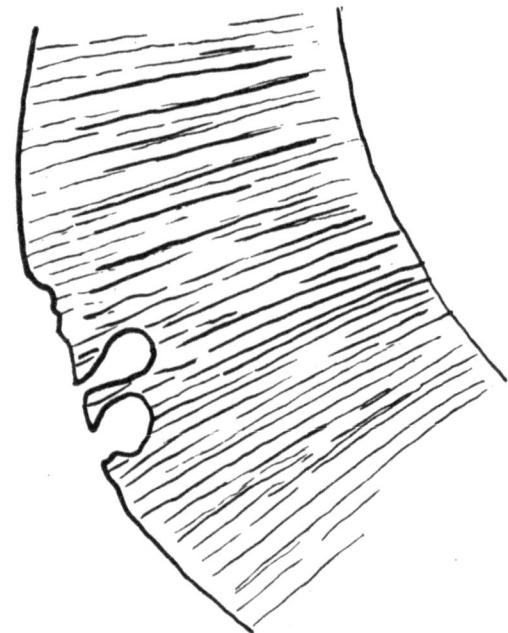

Abb. 12: „Große tropfenförmige Grünalgen". Schalensplitter aus einem Sedimentschliff. 620 × vergr.

Stratigraphisch sind die besprochenen Formen ohne Bedeutung. Faziell vermögen sie aber wichtige Hinweise zu geben; und zwar sind unter anderen auf das Hochmarin beschränkt:

cf. *Gomontia polyrhiza* Born. & Flah.,
cf. *Ostracoblabe implexa* Born. & Flah.

Dem Hochmarin und dem Brack sind gemeinsam:

cf. *Hyella caespitosa* Born. & Flah.,
„Große tropfenförmige Grünalgen".

Charakteristisch für das Süßwasser sind schließlich:
Forellia perforans Chodat,
Kugelalgen indet. et innom., welche
  Muschelschalen prismenweise angreifen
  und auflösen.

Die ganze Mycelitesgruppe zeigt eine artenweise verschiedene Vorliebe für bestimmte Wirte (Medien), wie folgende Tabelle zeigt:

	Knochen	Schnecken	Muscheln	Balaniden
cf. *Gomontia polyrhiza*	H	?	?	—
cf. *Hyella caespitosa*	S	H	—	—
cf. *Ostracoblabe implexa*	—	H	H	V
„Große Tropfen"	—	V	V	—

H = häufig; V = kommt vor; S = selten.

Wie bereits 1953 vom Verfasser ausgeführt wurde, sind Befallshäufigkeit und -intensität durch die meisten Formen ziemlich hoch. Sie tragen daher nicht unwesentlich zur Vorbereitung der Zerstörung von Fossilisanten und Fossilien bei. Ja sie können sogar unter günstigen Bedingungen skelettzerstörend wirken. P e y e r (1945, S. 20 ff.) hat schon darauf hingewiesen, daß die von A b e l (1924, S. 151/152) beschriebenen Wirbelkorrosionen bei Unio (und Anodonta) auf die Tätigkeit von Algen zurückzuführen ist; auch die Zerstörung von Cardienschalen im norddeutschen Watt (P a p p 1938) geht auf sie zurück.

Außer den bisher genannten Bohrorganismen wäre der Vollständigkeit halber noch das Auftreten von Vioa zu erwähnen. Die Gänge dieser Spongie sind vor allem in größeren Austernschalen zu beobachten.

7. Faunen und Fazies.

Vergleichen wir den Artenreichtum der einzelnen Fundpunkte (Tab. S. 181), so fällt vor allem die Armut der Sandgrube „Ober-Markersdorfer Straße", Pillersdorf I und II gegen dem Ober-Nalber Kirchfeld und vor allem den Unter-Nalber Sandgruben auf. Wenn man das eingangs über die Geländegestaltung und die Sedimente Gesagte in Betracht zieht, erhält man Einblick in die Ursache der Erscheinung. Die Sandgruben in Unter-Nalb stellen das ungestörte Liegende der Buchtsohle dar. Das Hangende bilden die Kalksandsteinschollen und Bänke, die über das ganze Hungerfeld und Kirchfeld bis an das Steilufer ziehen. Es handelt sich um jene Teile der Ablagerungen, welche vor der Lößeinsedimentation durch Einwirkung einer unmittelbar darüberliegenden Bodenbildung und später durch Kalkeinwaschungen aus der Lößdecke morphologische und chemische Veränderungen erfuhren. Die bei der Ober-Markersdorfer Straße und der großen Sandgrube von Ober-Nalb im Hangenden angeschnittenen Grobsande stellen Reste der unmittelbaren Brandungszone dar. Sie sind nur mehr an wenigen Stellen erhalten. Die beiden Fundpunkte Pillersdorf I und II liegen schon außerhalb der Nalber Bucht. Dabei liegt in P. I unter dem Kalksandstein ein äußerst bryozoenreicher Sand (diese sind in der Bucht sehr selten) mit wenigen Molluskenresten. Auch hier spricht die Fazies für große Strandnähe, doch deutet die kreideweiße Farbe eine etwas andere Zusammensetzung des Sedimentes an als bei den matten, vielfach grauen oder gelbstichigen Sanden der Bucht. Pillersdorf II, der „Kalvarienberg" schließlich, stellt eine Breccie aus Fossilien, Steinkernen und Gneisgrus dar, welche in geringer Mächtigkeit direkt auf dem Grundgebirge aufsitzt, also Reste einer sehr steilen Brandungszone darstellt.

Die gesamten Fazies und Faunen deuten auf stark bewegtes Seichtwasser in unmittelbarer Strandnähe hin. Der großen Zahl derber, grobschaliger Mollusken in der Bucht steht die geringe Artenzahl gegenüber; auffällig ist, daß trotzdem die große *Chlamys holgeri* Gein. in der Bucht fehlt. Vergleichen wir das über die Foraminiferen Gesagte (S. 183), so finden wir bei fast gleicher Artenzahl der einzelnen Proben wieder eine Form, nämlich *Globigerina bulloides* d'Orb, für P. I eigentümlich. Das darf als Hinweis aufgenommen werden, daß hier der Einfluß des offenen Meeres größer war als in der mehr abgeschlossenen Bucht. Weiters verdient der krasse, quantitative Unterschied des Bryozoenbestandes Beachtung. Denkt man in diesem Zusammenhang noch an den Landsäugerrest aus dem Hangenden der Großen Sandgrube in Ober-Nalb, so liegt es nahe, die Einmündung eines kleinen Wasserlaufes in die NW-Ecke der Bucht anzunehmen. Auch das Auftreten der großen tropfenförmigen Algen spricht für ein schwaches Verbracken in diesem Buchtteil. Die Foraminiferenfauna stammt ja aus fast $1^1/_2$ km Entfernung vom Ufer und enthält mit Elphidium, Nonion und Cibicides gerade die Salinitätsschwankungen gegenüber resistentesten Formen als Faunenkern.

Altersmäßig sind die Retzer Sande leicht festzulegen. Für Burdigal sprechen *Terebratula* cf. *hörnesi* Suess, *Pecten hornensis* Dep. & Rom., *Chlamys multistriata* Poli, *Chl. praescabriuscula* Font., *Chl. opercularis* L. und *Chl. holgeri* Gein. Berücksichtigt man das Auftreten von *Chl. opercularis* und *Chl. praescabriuscula*, so muß oberes Burdigal angenommen werden. Die Retzer Sande sind demnach tatsächlich, wie schon E. S u e s s (1866, S. 21 u. 53) meinte, gleichalterig mit den Eggenburger Schichten. Sie zeigen sowohl faunen- als auch faziesmäßig sehr große Übereinstimmung, nur ist die Eggenburger Fauna wesentlich reicher und besser erhalten.

8. Zusammenfassung.

Die wenig bekannte Fauna und Fazies der Retzer Sande, besonders in der Nalber Bucht, werden beschrieben. Die spärlichen Knochenreste wurden mit Hilfe von Dünnschliffen annähernd bestimmt, die Großmollusken besprochen, Bryozoen und Foraminiferen in Faunenlisten aufgeführt und die in Knochen, Mollusken und Balaniden bohrenden Algen beschrieben. Es konnte gezeigt werden, daß die Retzer Sande in der Nalber Bucht Ablagerungen eines Flachstrandes mit starker Wasserbewegung darstellen. In ihrer NW-Ecke wird die Einmündung eines kleinen Wasserlaufes vermutet. Der außerhalb der Bucht gelegene Vergleichspunkt Pillersdorf zeigt eine etwas artenärmere Fauna, welche Elemente des freien Meeres (*Globigerina*, *Chl. holgeri*) und Anzeichen einer ungestörten Salinität (Bryozoenreichtum) aufweist.

Die Retzer Sande sind gleichalterig mit den Eggenburger Schichten. Als leitend für diese Stufe können in der Nalber Bucht *Chlamys praescabriuscula* Font. und *Chlamys opercularis* L. angesehen werden. Die Gastropodenreste dieser Fundorte sind nicht so gut erhalten, um einwandfreie stratigraphische Kriterien abzugeben.

Literaturverzeichnis.

A b e l, O., 1924: Lehrbuch der Paläontologie, 2. Aufl., Jena.

B o r n h a u s e r, A., 1953: Über Mycelites ossifragus Roux; Auftreten und Formen im Tertiär des Wiener Beckens. Sitz.-Ber. d. Akad. d. Wiss. math.-nat. Kl., Abt. I, **162**, Wien.

— 1954: Über die adaptive Bedeutung der Knochenstruktur der Teleostei. Österr. Zool. Zschr. **5**, Wien.

K a u t s k y, F., 1928: Die biostratigraphische Bedeutung der Pectiniden des niederösterreichischen Miocäns. Ann. Naturhist. Mus. **42**, Wien.

P i a, J. & S i c k e n b e r g, O., 1934: Katalog der in den österr. Sammlungen befindlichen Säugetierreste des Jungtertiärs Österreichs und der Randgebiete. Denkschr. Naturhist. Mus. **4**, Wien.

P a p p, A., 1938: Beobachtungen über Aufarbeitung von Molluskenschalen in Vergangenheit und Gegenwart. Verh. Zool.-Bot. Ges. **88/89**, Wien.

P e y e r, B., 1945: Algen und Pilze in tierischen Hartsubstanzen. Arch. J. Klaus-Stiftung, Erg.-Bd. **20**, Zürich.

R o g e r, J., 1939: Le Genre Chlamys dans les Formationes néogènes de l'Europe. Mém. Soc. Géol. France. N. S. **17**, Fasc. 2—4, Paris.

Romer, A. S., 1946: Vertebrate Palaentology, Chicago.
Sacco, F., 1897: I Molluschi dei terreni terziarii del Piemonti et della Liguria. **23**, Torino.
Schaffer, F. X., 1910—1925: Das Miocän von Eggenburg. Abh. Geol. Reichsanst. **22**, Wien.
Suess, E., 1866: Untersuchungen über den Charakter der österr. Tertiärablagerungen. Sitz.-Ber. d. k. k. Akad. d. Wiss., math.-nat. Kl., Abt. I, **54**, Wien.
Vetters, H., 1917: Geolog. Gutachten über die Wasserversorgung der Stadt Retz. Jahrb. Geol. Reichsanst. **67**, Wien.
Weinhandl, R., 1954: Aufnahme 1953 auf den Blättern Hollabrunn und Hadres. Verh. Geol. Bundesanst., Wien.

Die in den Sitzungsberichten Abtlg. I und Abtlg. II a der math.-nat. Klasse der Österr. Ak. d. Wiss. erscheinenden Abhandlungen werden auch einzeln abgegeben. Sie können durch jede Buchhandlung oder direkt durch die Auslieferungsstelle der Österreichischen Akademie der Wissenschaften (Wien I, Singerstraße 12) bezogen werden.

Nachfolgende Abhandlungen aus dem Fache B o t a n i k (Biologie) sind erschienen:

1952 (S I Bd. 161):

Cholnoky B. J. v.: Beobachtungen über die Plasmolyse I. Die protoplasmatische Wirkung von NaCl-, NaOH- und HCl-Gemischen auf Delphinium-Blumenblattzellen (mit 7 Tafeln), 18 Seiten. S 12.90

Höfler K., w. M., und Loub W.: Algenökologische Exkursion ins Hochmoor auf der Gerlosplatte (mit 2 Textabbildungen), 21 Seiten. S 10.70

Kopetzky-Rechtperg O.: Artenliste von Desmidiales aus den österreichischen Alpen (mit 1 Textabbildung), 22 Seiten. S 9.40

Krebs Ingeborg: Beiträge zur Kenntnis des Desmidiaceen-Protoplasten: III. Permeabilität für Nichtleiter (mit 6 Textabbildungen), 37 Seiten. S 23.80

Küster E.: Beobachtungen über die Wirkungen des Ultraschalls auf lebende Pflanzenzellen, 13 Seiten. S 5.—

Luhan Maria: Zur Wurzelanatomie unserer Alpenpflanzen: II. Saxifragaceae und Rosaceae (mit 15 Textabbildungen), 38 Seiten. S 16.70

Stadelmann E.: Zur Messung der Stoffpermeabilität pflanzlicher Protoplasten, II. (mit 5 Textabbildungen), 35 Seiten. S 25.70

Toth-Ziegler Annemarie: Rot fluoreszierende Inhaltskörper bei Leguminosen (mit 22 Textabbildungen), 44 Seiten. S 22.40

Wawrik Friederike: Grundwasserstudie (mit 7 Textabbildungen), 20 Seiten. S 12.50

Wiesner Gertraud: Die Bedeutung der Lichtintensität für die Bildung von Moosgesellschaften im Gebiet von Lunz, 24 Seiten. S 10.80

1953 (S I Bd. 162):

Cholnoky B. J. v.: Beobachtungen über die Plasmolyse II. Zur Protoplasmatik der Staubblatthaarzellen von Tradescantia (mit 31 Textabbildungen). S 11.40

Cholnoky B. J. v., und Schindler H.: Die Diatomeengesellschaften der Ramsauer Torfmoore (mit 41 Textabbildungen). S 15.60

Hirn Ilse: Vitalfärbung von Diatomeen mit basischen Farbstoffen (mit 8 Textabbildungen) S 16.20

Huber Elfriede: Beitrag zur anatomischen Untersuchung der Antheren von Saintpaulia (mit 6 Textabbildungen). S 4.90

Lenk Ingeborg: Über die Plasmapermeabilität einer Spirogyra in verschiedenen Entwicklungsstadien und zu verschiedener Jahreszeit (mit 1 Textabbildung und 1 Tafel). S 20.—

Loub W.: Zur Algenflora der Lungauer Moore (mit 3 Textabbildungen). S 22.90

Wimmer Ch., und Höfler K.: Über die Eigenfluoreszenz lebender, absterbender und toter Florideenzellen (mit 3 Textabbildungen). S 9.60

Diskus A.: Vom Osmoseverhalten halophiler Euglenen vom Neusiedler See (mit 3 Tafeln). S 8.50

1954 (S I Bd. 163):

Kiermayer O.: Die Vakuolen der Desmidiaceen, ihr Verhalten bei Vitalfärbe- und Zentrifugierungsversuchen (mit 23 Textabbildungen), 48 Seiten. S 32.30

Loub W., Url W., Kiermayer O., Diskus A., und Hilmbauer K.: Die Algenzonierung in Mooren des österreichischen Alpengebietes (mit 1 Textabbildung und 3 Tafeln), 48 Seiten. S 26.70

Luhan Maria: Zur Wurzelanatomie unserer Alpenpflanzen III. Gentianaceae (mit 4 Textabbildungen und 1 Tafel), 19 Seiten. S 14.90

Poelt J.: Moosgesellschaften im Alpenvorland I (mit 3 Textabbildungen), 34 Seiten. S 15.10

Poelt J.: Moosgesellschaften im Alpenvorland II (mit 1 Textabbildung), 45 Seiten. S 26.50

Scheidl W.: Auslösung von Vakuolenkontraktion durch undissoziierte Basen (mit 12 Textabbildungen und 15 Diagrammen), 44 Seiten. S 28.—

Schiller J.: Über Cyanophyceen aus kleinen künstlichen Wasserbecken und aus dem Ruster Kanal des Neusiedler Sees (mit 17 Textabbildungen [49 Einzelbilder]), 31 Seiten. S 23.40

If you have any concerns about our products,
you can contact us on
ProductSafety@springernature.com

In case Publisher is established outside the EU,
the EU authorized representative is:
**Springer Nature Customer Service Center GmbH
Europaplatz 3, 69115 Heidelberg, Germany**

Printed by Libri Plureos GmbH
in Hamburg, Germany